花花草草和大樹，我有問題想問你

史軍 / 主編

史軍 / 著

三民書局

國家圖書館出版品預行編目資料

花花草草和大樹，我有問題想問你 / 史軍主編；史軍
著.－－初版一刷.－－臺北市：三民，2019
　　面；　公分.－－(科學童萌)
　　ISBN 978－957－14－6699－6　(平裝)
　　1.科學 2.通俗作品

307.9　　　　　　　　　　　　　　　108013751

© 　花花草草和大樹，我有問題想問你

主　　編	史軍
著 作 人	史軍
封面設計	DarkSlayer
插　　畫	渣喵壯士
責任編輯	黃文孝
美術編輯	杜庭宜

發 行 人	劉振強
發 行 所	三民書局股份有限公司
	地址　臺北市復興北路386號
	電話　(02)25006600
	郵撥帳號　0009998-5
門 市 部	(復北店)臺北市復興北路386號
	(重南店)臺北市重慶南路一段61號
出版日期	初版一刷　2019年10月
編　　號	S 370010

行政院新聞局登記證局版臺業字第○二○○號

有著作權·不准侵害

ISBN　　978－957－14－6699－6　　(平裝)

http://www.sanmin.com.tw　三民網路書店

主編：史軍；作者：史軍；
本書繁體中文版由 廣西師範大學出版社集團有限公司 正式授權

序 PREFACE

每位孩子都應該有一粒種子

在這個世界上，有很多看似很簡單，卻很難回答的問題，比如說，什麼是科學？

什麼是科學？在我還是一個小學生的時候，科學就是科學家。

那個時候，「長大要成為科學家」是讓我自豪和驕傲的理想。每當說出這個理想的時候，大人的讚賞言語和小夥伴的崇拜目光就會一股腦的衝過來，這種感覺，讓人心裡有小小的得意。

那個時候，有一部科幻影片叫《時間隧道》。在影片中，科學家們可以把人送到很古老很古老的過去，穿越人類文明的長河，甚至回到恐龍時代。懵懂之中，我只知道那些不修邊幅、蓬頭散髮、穿著白大褂的科學家的腦子裡裝滿了智慧和瘋狂的想法，他們可以改變世界，可以創造未來。

在懵懂學童的腦海中，科學家就代表了科學。

什麼是科學？在我還是一個中學生的時候，科學就是動手實驗。

那個時候，我讀到了一本叫《神祕島》的書。書中的工程師似乎有著無限的智慧，他們憑藉自己的科學知識，不僅種出了糧食，織出了衣服，造出了炸藥，開鑿了運河，甚至還建成了電報通信系統。憑藉科學知識，他們把自己的命運牢牢的掌握在手中。

於是，我家裡的燈泡變成了燒杯，老陳醋和食用鹼在裡面愉快的冒著泡；拆解開的石英鐘永久性變成了線圈和零件，只是拿到的那兩片手錶玻璃，終究沒有變成能點燃火焰的透鏡。但我知道科學是有力量的。擁有科學知識的力量成為我嚮往的目標。

在朝氣蓬勃的少年心目中，科學就是改變世界的實驗。

什麼是科學？在我是一個研究生的時候，科學就是酷炫的觀點和理論。

那時的我，上過雲貴高原，下過廣西天坑，追尋騙子蘭花的足跡，探索花朵上誘騙昆蟲的精妙機關。那時的我，沉浸在達爾文、孟德爾、摩根留下的遺傳和演化理論當中，驚嘆於那些天才想法對人類認知產生的巨大影響，連吃飯的時候都在和同學討論生物演化理論，總是憧憬著有一天能在《自然》和《科學》雜誌上發表自己的科學觀點。

在激情青年的視野中，科學就是推動世界變革的觀點和理論。

直到有一天，我離開了實驗室，真正開始了自己的科普之旅，我才發現科學不僅僅是科學家才能做的事情。科學不僅僅是實驗，驗證重力規則的時候，伽利略並沒有真的站在比薩斜塔上面扔鐵球和木球；科學也不僅僅是觀點和理論，如果它們僅僅是沉睡在書本上的知識條目，對世界就毫無價值。

科學就在我們身邊——從廚房到果園，從煮粥洗菜到刷牙洗臉，從眼前的花草大樹到天上的日月星辰，從隨處可見的螞蟻蜜蜂到博物館裡的恐龍化石……處處少不了它。

其實，科學就是我們認識世界的方法，科學就是我們打量宇宙的眼睛，科學就是我們測量幸福的量尺。

什麼是科學？在這套叢書裡，每一位小朋友和大朋友都會找到屬於自己的答案——長著羽毛的恐龍、葉子呈現寶石般藍色的特別植物、殭屍星星和流浪星星、能從空氣中凝聚水的沙漠甲蟲、愛吃媽媽便便的小黃金鼠……都是科學表演的主角。這套書就像一袋神奇的怪味豆，只要細細品味，你就能品嚐出屬於自己的味道。

在今天的我看來，科學其實是一粒種子。

它一直都在我們的心裡，需要用好奇心和思考的雨露將它滋養，才能生根發芽。有一天，你會突然發現，它已經長大，成了可以依託的參天大樹。樹上綻放的理性之花和結出的智慧果實，就是科學給我們最大的褒獎。

編寫這套叢書時，我和這套書的每一位作者，都彷彿沿著時間線回溯，看到了年少時好奇的自己，看到了早早播種在我們心裡的那一粒科學的小種子。我想通過書告訴孩子們——科學究竟是什麼，科學家究竟在做什麼。當然，更希望能在你們心中，也埋下一粒科學的小種子。

主編 史軍

目錄 CONTENTS

01

最早的花朵從哪兒來

　　春天的世界如此美好，綠草如茵，花團錦簇，數以萬計的開花植物貢獻自己的花朵。如果我們反觀地球的歷史，花朵還真是個新鮮事，雖然也有上億年，但是放在生命演化的長河中來看，還真是一個年輕的作品。

花朵是如何改變生物界的,它們又是從何而來的?

這一直都是生物學家們感興趣的謎題。

在花朵這種結構出現之前,動物和植物之間基本上只有吃和被吃的關係——海藻、苔蘚、蕨類植物,甚至南洋杉之類的裸子植物都只是動物嘴巴裡的食物。這些植物也不需要動物幫忙,就可以繁育它們的下一代。花朵這種結構的出現,讓動物和植物有了共同經營的事業,那就是傳播花粉。

精巧的花朵,讓幼嫩的種子有了生長的理想庇護所。更重要的是,花朵為各種動物提供了適合的餐點,也可以讓那些享受了美食的動物,為植物提供傳播花粉的服務。有些鳳仙花只允許熊蜂來吸取花蜜;蜂蘭通過氣味勾引那些正在找女朋友的雄性胡蜂;彗星蘭更是長出了長達四十公分的儲存花蜜的管子,只有嘴巴夠長的長喙天蛾才能品嚐到它的甘甜。

植物界和動物界都出現了各種各樣相對應的物種。也正是這種對應,讓整個生命世界更加多姿多彩。

「花朵」這種結構從何而來？

「花朵」真的只是開花植物的獨門利器嗎？
這一直是困擾生物學家們的難題。

TIPS
毬花是什麼花？

植物學家們所說的毬花，是給松樹、杉樹、柏樹這樣的裸子
植物的繁殖器官取的名字。這些植物並沒有真正的花朵 ──
沒有花瓣，也沒有果皮，但是一樣可以孕育種子，因此有了
毬花這樣的稱呼。

法國國家科學研究中心和英國倫敦邱園的科學家們給出了一個出人意料的答案：其實，裸子植物就已經開始了塑造花朵的嘗試，只是很可惜，這種嘗試以失敗告終。

　　在非洲有一種被稱為「千歲蘭」的植物。雖然名叫蘭，但它們卻是不折不扣的裸子植物。這些只有幾片大葉子的植物並沒有真正的花朵，但它們的雄毬花中確實存在胚珠，只是這些胚珠不具備繁殖能力。這說明，這種植物曾經想塑造自己的兩性花朵，結果沒有成功。

　　無獨有偶，在千歲蘭的很多裸子植物「表親」中，也有一些特殊的基因，這些基因與開花植物中負責花朵結構的相關基因都存在相似的地方。開花植物和其「表親」裸子植物擁有類似的基因組，都來自它們共同的祖先——這說明「開花植物能夠開花」這一機制並不一定是開花植物的「獨創」，只是開花植物更好的利用了這種基因，從而最終成為陸生植物世界的統治者。

　　再看到花朵的時候，你會不會多了幾分敬意？那可是大自然億萬年努力的作品呢。

02

花朵上的「雀斑」都不是白長的，那是指路牌

　　為什麼春天的花朵五顏六色？這還得從昆蟲身上找原因。

　　蜜蜂和蝴蝶總是與漂亮的花朵相伴相生，蝴蝶吸花蜜，蜜蜂採花粉。花朵們不僅準備好了食物，還為這些傳播花粉的「食客」準備了路標──花朵的顏色和形態，就是特殊的路標。

千姿百態的花朵，植物進化的印記

動物們對花的顏色可是很挑剔的，因為牠們對顏色的感知和人眼很不相同。比如，蜜蜂喜歡黃色和藍色，蝴蝶更傾向於白色和紅色，至於豆丁大小的蜂鳥和花蜜鳥就只鍾情於火紅的顏色。所以，要吸引到足夠的、合適的傳粉勞動力，花朵就必須選對顏色。如果你想用純紅色的花朵來吸引蜜蜂，就只會「門庭冷落，獨自飄零」了。所以從一定程度上來說，花瓣的顏色，也是植物進化歷程中留下的印記。

更有意思的是，植物們還聰明的進化出各種更有吸引力的手段來誘惑傳粉者們。

比如某些品種的百合花和蕙蘭，花瓣上長了栗紅色的斑點，在我們看來這些影響美觀的斑點，卻是蜜蜂等昆蟲的最愛，簡直就像飯店招牌一樣醒目；紋瓣蘭的花瓣上會有一些縱向的條紋向花朵內部延伸，在蜜蜂看來，這些條紋就是指向美食的路標；蜂蘭甚至把花朵偽裝成雌性胡蜂的樣子，連胡蜂身上的根根絨毛都被完美偽裝了出來……

自己給自己授粉的植物

不過，也有很多花朵並不需要蟲子或者風力幫忙就能完成繁殖，它們的表演堪稱完美的獨角戲，大根槽舌蘭就是這樣一種植物。

一般來說，蘭科植物都需要動物的協助來完成花粉傳遞。但是大根槽舌蘭獨闢蹊徑，它可以用伸長的花粉塊柄──那是一個像棒棒糖棍一樣的結構，而花粉塊就像頂端的棒棒糖──把花粉送到雌蕊上，通過自花授粉來達到生殖的目的。研究人員認為，大根槽舌蘭的特殊行為可能跟它們的生活環境有關係。這些蘭花生活的乾熱河谷中，不但缺少傳粉昆蟲，連風力都很小，這樣的環境迫使這種植物走上了自己給自己授粉的道路。

花朵的盛會看似紛繁複雜，裡面卻又井井有條，所有植物都遵循著億萬年來積累的智慧，按照自己的節奏來繁衍，生命的輪迴因此在我們面前呈現。

我們能隨意改變花朵的顏色嗎

人們看夠了熾熱的紅玫瑰，於是有些人別出心裁，想給玫瑰染上別的顏色——「藍色妖姬」玫瑰就是一個例子。

從原理上來說，改變花的顏色並不困難，只要將花青素、類胡蘿蔔素、葉綠素調配好，就能得到想要的顏色。但是實際操作起來就有些困難了：首先，花瓣裡得有裝配色素所需的原料，比如要想生產紅色的芍藥花素，那至少需要在花瓣裡準備一種叫作「查爾酮」的原料。而且有原料還不夠，還要構建出新的「色素生產流水線」。要知道，一個表現顏色的花青素單元，是由花青素苷、葡萄糖基團、金屬離子、有機酸基團等小零件組成的，也就是整條流水線要絲毫不差的進行裝配，才能得到我們想要的花朵顏色。

這個換色大行動聽起來就很複雜，所以，還是趕快享受自然的色彩吧。

孔雀秋海棠：高效光能收割機

　　沒什麼事情比冬去春來更讓人心情愉快了 —— 新年剛過，數九寒天已近尾聲，料峭的春寒封不住綠意。很快就要春回大地，溫暖的南風就像一支神奇的畫筆，從南向北催開春芽，在地面、枝頭留下深深淺淺的綠。

了不起的小小葉綠體

　　春回大地帶來的綠色，大多來自植物。植物是地球上最主要的生產者，是大多數生態系統的基石。

　　植物葉子的綠色源於細胞中的葉綠體。這些小小的綠色顆粒，是我們這顆星球上最偉大的發明，因為它們能進行光合作用──也就是說，它們能吸收太陽光，把其中的能量轉化成自己身體的一部分，同時釋放氧氣。這樣，看得見摸不著的太陽光能就會被植物「固定」住，成為實實在在的根莖葉。

　　太陽光是太陽系裡最充足、最可靠的能源。白色的太陽光可以被分解為一個連續過渡的彩色光譜帶，它們按照「紅橙黃綠藍靛紫」的順序排列。葉綠體有些偏食，它更喜歡其中的藍光和紅光部分，綠光則統統反射回去。葉綠體不愛吃的綠光映照到我們的眼睛裡，植物就是綠色的了。

特殊的葉綠體：虹彩體

不過，也不是所有植物都愛好同一種口味。這個世界上也有藍葉子的植物，它就是孔雀秋海棠。

孔雀秋海棠的老家在馬來西亞的熱帶雨林地區。它們個頭矮小，遠遠比不上身材高大的樹木，也沒有藤蔓植物那樣的攀爬技巧。不過這並不妨礙它們展現自己的美麗，孔雀秋海棠的葉子在光照微弱時會呈現出絲絨般的藍色，有如藍孔雀的翎毛，反射出金屬光澤的虹彩。

最近，英國布里斯托大學的科學家們研究了這種植物。他們發現，孔雀秋海棠之所以能在樹木和藤蔓的夾擊下求得生存，全倚仗那一身亮藍色的衣裳。

這種植物的細胞中有一類特殊的葉綠體，裡面的薄膜結構和普通葉綠體相比，薄膜排列得更規則，每一落薄膜之間貼合得更緊密。這導致的第一個結果，就是讓葉片帶上耀眼的金屬光澤——科學家們又把這種特殊的葉綠體稱為「虹彩體」。

虹彩體更偏好綠光，對普通葉綠體愛吃的藍光則不理不睬。這就是虹彩體結構更規則的第二個直

觀結果——葉子為藍色。熱帶雨林中植物繁多，陽光由於參天大樹和藤蔓的層層遮蔽，到達近地面生長的孔雀秋海棠那裡時，已經非常黯淡了。這些微弱的陽光，顯然只是上層植物「吃剩」的「殘渣」，其中的藍光已被吃盡，剩下的多是不被大多數植物喜歡的綠光。孔雀秋海棠聰明的把自己的葉綠體打造成虹彩體，把別人留下的綠光當作美食。

更有甚者，虹彩體規整的結構就像是一道道屏障，能降低光速。光在虹彩體內放慢腳步後，光合作用就更加充分，能把更多的太陽光能固定存儲下來，讓孔雀秋海棠長得更快更好。實驗數據也說明，虹彩體的光合效率比普通葉綠體提高了 50%，也就是說，孔雀秋海棠這身亮藍色裝束的第三個結果，就在於提高光合作用效率。

你們瞧，孔雀秋海棠在不利的環境中改變自己，讓綠光變廢為寶，把壞事變好事，是不是很厲害？現在，讓我們回頭看它亮藍色的葉子，是不是在美麗之外，感受到了別樣的堅韌呢？

蠟梅說，我真的不是梅花

在中國北方，一月份是很蕭索的，我們很少能看到綠色。不過，就算是枝頭頂著雪花，屋簷掛滿冰凌的時候，依然有植物送來幽幽花香。蠟梅和梅花就是其中的代表。

名字都有「梅」，差別可大了

「牆角數枝梅，凌寒獨自開。遙知不是雪，為有暗香來。」很多小朋友都背誦過王安石的這首〈梅花〉吧？從這首詩裡，我們可以得到三個關鍵的信息。第一，梅花開的時候，天氣依然很冷。第二，梅花通常是雪白色的。第三，這些花朵很香。這些雖說都是很明顯的特徵，但不足以讓大家把梅花和蠟梅區分開來──原因也很簡單，它們都在早春綻放，開花的時間實在是太接近了；名字裡又都有個「梅」字。

可是，這兩種叫「梅」的植物，差別可太大了。

我們首先說蠟梅。很多人會把它的名字寫成「臘梅」，臘月的臘，即便是在網路上搜尋，也有很多文章使用這個名字。據說因為這些花在寒冬臘月開放，因而得名「臘梅」── 聽上去也有幾分道理，甚至《主編國語辭典》裡也肯定了「臘梅」這個名字。

然而「蠟梅」這個名字其實來源於花瓣的質感，因為和蜜蜂修建蜂巢的蜜蠟很像，所以得名「蠟梅」。

蠟梅是蠟梅科的代表，它們的花朵上沒有明顯的花瓣和花萼之分，都是層層疊疊的覆蓋在一起，說明蠟梅更接近原始的花朵。

雖然如此，但是為了吸引傳粉的昆蟲，蠟梅可是不遺餘力。你看它們蜜蠟似的花瓣基部都有紫色的斑點，那其實就是給昆蟲們的指示標誌，就像是在大聲對昆蟲喊：「這裡有食物，快來享用吧！」當然，在享用花粉花蜜的同時，昆蟲們也就給蠟梅傳播花粉了。

而梅花則要精緻許多。最原始的梅花有五片花瓣和五片花萼。那些花瓣層層疊疊、密密扎扎的重瓣園藝品種，是在人類的有意培植下，基因發生突變的結果。此外，梅花的花蕊可要比蠟梅多得多。

蠟梅的果子：千萬不要吃！

蠟梅和梅花還有一個很大的區別：梅花結出的果子是可以吃的——雖然用作賞花的梅花並不擅長結出好吃的果子，但畢竟是可以入口的。可是，蠟梅的果子就沒有那麼友善了。蠟梅果裡面含有蠟梅鹼，這可是一種能讓動物心臟停止的有毒物質！因此，好奇的小朋友們可千萬不要打這些果子的主意啊。

TIPS
梅花、桃、李和杏
....
細數下來，梅花的雄蕊多達 15～45 枚，而蠟梅
的雄蕊只有 5～6 枚。作為薔薇科李屬大家族的
成員，梅花倒是桃、李和杏的親兄弟呢。
....

早春開花：聰明的好主意

蠟梅和梅花都為剛剛經歷了嚴冬的大地增添了
色彩和生機。那麼，蠟梅和梅花為什麼要選在環境
如此嚴酷的時候開放呢？難道僅僅是為了妝點大地
嗎？

其實，選擇這時候開花，蠟梅和梅花可是有著
自己的小算盤。最重要的理由就是：這個時候昆蟲
們沒有太多的選擇，只要有花能提供花粉和花蜜就
滿足了，在飯桌上絕對不挑三揀四，肯定會兢兢業
業的幫助蠟梅和梅花傳播花粉（當然也「順便」吃
了很多花粉）。

雖然蠟梅和梅花在冬天綻放花朵，看似受著嚴
寒的折磨和考驗，但其實得到的好處更大，因為這
時傳播花粉的效率可是非常高的。

05

薄荷：牙膏味的小香草

　　每天刷牙的時候，一股冰涼的感覺就會在嘴裡瀰漫開來，伴隨而來的是一種牙膏的特有氣味。雖然有時也伴著草莓、檸檬、甜橙之類其他口味的掩飾，但那種涼涼的、清新的牙膏味仍舊能穿透我們的神經。這種味道對人的影響極深，以至於很多人第一次吃到薄荷的時候，都會感嘆一句：「這不就是牙膏味嗎！」

給薄荷來張「標準照」

在過去很長很長的時間裡，對於大多數中國人（特別是北方人）來說，薄荷都只是一種傳說中的植物。如今，在口香糖的包裝上，在綠茶飲料的宣傳片中，甚至在花卉市場都能看到葉子皺巴巴的「薄荷」，這種清涼植物一下子進入了人們的視野。

但是，要注意了——這種葉子皺巴巴的植物並不是真正的薄荷，它的名字叫皺葉薄荷。真正的薄荷葉子要平展許多，也沒有皺葉薄荷那麼濃郁的氣味。

薄荷並不是一種單一植物，薄荷屬的三十多種植物都可以稱之為薄荷，這其中就包括了薄荷、皺葉薄荷、檸檬薄荷、胡椒薄荷等。它們廣泛分布於北半球所有大陸，很早就被應用到了食品、飲料和化妝品之中。

作為唇形科的植物，薄荷家族的植物也有自己的特徵。它們的莖稈不是我們熟悉的圓柱形，而是四棱的；它們的葉片，是成對生長在莖稈上的（葉對生）；當然，它們都有薄荷味。

薄荷家族成員的葉子或多或少都會給人清涼的感覺，這種特殊的感覺主要來自於其中的薄荷醇和薄荷酮類物質。有些薄荷還有自己的個性，比如胡椒薄荷含有胡椒酮，這讓它帶了一點辛辣味，所以得到了這個有趣的名字。

薄荷葉的清涼味

薄荷醇之所以讓我們有清涼的感覺，並不是因為它們能吸收熱量，降低周圍的溫度──要是不信，可以用溫度計測測牙膏溶液的溫度變化。

讓我們感受到清涼，不過是薄荷醇的一個小把戲而已。我們之所以可以感受到低溫寒冷，全都是因為皮膚和口腔中的「寒冷感受器」── 那是一種叫作 TRPM8 的神經受體。

　　實際上，TRPM8 受體還有另外一個更直白的名字叫「冷與薄荷醇受體 1」。從這個名字我們就可以看出，它最主要的功能就是接收寒冷的溫度刺激和薄荷醇的刺激，讓身體產生冷的感覺。

　　除了讓我們感受到清涼，薄荷醇還有促進微血管擴張、抗炎鎮痛的作用。不僅如此，薄荷醇還能幫助一些藥物成分更好的進入我們的皮膚。因此，在一些止癢鎮痛的藥膏中，我們也能發現薄荷醇（薄荷腦）的身影呢。

TIPS
為什麼辣椒吃起來辣辣的

....

順便說一句，辣椒帶給我們火辣辣的感覺，也不是因為辣椒帶來了高溫，而是辣椒中的辣椒素在刺激我們相應的神經受體，讓我們體驗到像被開水燙到一樣的感覺。

....

陽臺上的薄荷園

其實要想隨時體驗薄荷的清涼味也不難。在陽臺上種上一盆，不僅能看到濃濃的綠意，還能給爸爸來杯薄荷檸檬茶，給媽媽燉的牛肉湯裡添點不一樣的味道。那些被掐了尖的薄荷，不但不會一蹶不振，反而會更加茂盛起來——去掉了一個頂芽，又會有三兩個側芽從下面的莖稈上冒出來。

其實，這是因為側芽一直受到頂芽的「欺壓」。頂芽分泌的激素「生長素」會抑制側芽生長（很有趣吧，高濃度的生長素反而會抑制生長）。一旦頂芽被掐掉，對側芽的抑制也就解除了，側芽自然會瘋長了。

薄荷的繁殖方式非常有趣，不用開花，不用結果。當它們的枝條伸長的時候，只要把這些枝條壓在土裡，就能長出新的植株了——這就是我們通常說的「無性生殖」。雖然動物的複製依然猶如神話，但是植物的複製早就存在上億年了。

薄荷能夠驅蚊嗎？

薄荷有很濃烈的香味。有種說法是，這種香味可以趕走討厭的蚊子，這也是目前薄荷盆栽的一大賣點。

可是，諸如薄荷醇、薄荷酮之類的物質並不是隨便就能釋放出來的，只有薄荷的葉子在受到昆蟲啃食或人類揉搓的時候，才會大量釋放那些薄荷味的物質。

在億萬年的生命演化中，植物已經學會了對那些不啃花葉的蚊蟲不聞不問。依靠薄荷把家中的蚊子都趕出去，只是人們的美好願望罷了。

06

蒼耳媽媽有辦法，不僅給孩子準備了盔甲，還有毒藥！

　　有時候，不得不佩服植物的智慧——植物媽媽們為了讓自己的種子寶寶們能有更好的生存空間和生存能力，不但準備了降落傘、翅膀……各種各樣的交通工具，還有五花八門的護身絕招。其中，蒼耳媽媽就給孩子們準備了滿身的小尖刺掛鉤，把它們打扮成植物界的小刺蝟。

　　不過，可別小看這些「小刺蝟」，它們可是植物界名副其實的「小霸王」呢！

周遊世界的旅行家

蒼耳這東西其實挺好辨認的，像縮小的橄欖球一樣，全身都是帶鉤子的小刺，如果掛在動物的皮毛或人類的衣物上，就很難取下來。正是依靠這種技能，蒼耳可以極大的擴展自己的生活區域，動物、人類，甚至汽車輪胎，都是蒼耳果實特別喜歡的旅行工具。

可以說，蒼耳在全世界許多地方的田野裡都能愉快的生長，這從它們不同品種的名字裡就能看出來：美國蒼耳、西方蒼耳、義大利蒼耳……。

蒼耳搶地盤的能力和隨遇而安的生存能力實在是太強了。就拿義大利蒼耳來說，20 世紀末在中國北京郊區第一次發現了它們的身影，到 2008 年的時候，它們的地盤就已經擴張到遼東半島和山東半島了。

名副其實的「小霸王」

　　雖然蒼耳是菊花家族的成員，但是蒼耳不像菊花那麼溫柔，所有蒼耳屬的植物都是農田裡的「小霸王」。

　　為什麼這樣說呢？蒼耳不僅可以搶奪大豆和玉米的營養和水分，還準備了很強大的化學武器來取得競爭優勢。它們的根系和腐爛的枝葉都可以釋放出化學物質，能抑制大豆和玉米發芽。這些「小霸王」是不是很強大呢？

僅僅是營養搶得快，腿長跑得遠，還不足以成就蒼耳的霸業。蒼耳還要裝備對付動物的武器——毫無疑問，蒼耳果子的帶刺鎧甲就足以打消所有動物吃它們的念頭。

　　不光如此，蒼耳還有對付動物的毒藥，那就是一種叫「蒼耳苷」的物質。這東西可不簡單，吃下去一個小時之內就會起反應，噁心嘔吐都是輕的，蒼耳苷還會引起肌肉震顫，同時會讓心臟越跳越慢、越跳越輕……如果不及時搶救的話，那就有生命危險了。

　　要記住，蒼耳從上到下、從裡到外都是有毒的，尤其是種子和幼苗，吃了以後中招的可能性極大。可能會有小朋友說，有誰會傻到去吃那個帶刺的種子呢？不過，在中國傳統醫學中，蒼耳的果實卻是一味藥物——蒼耳子。在不了解藥理的情況下，不排除真的有人想用這個東西治病，結果卻吃到中毒……所以，對待蒼耳一定要小心小心再小心！

愛惹麻煩的蒼耳也能出好主意

聽起來，既有尖刺又有毒藥的蒼耳，成了牛不吃，羊不聞，人類也要躲著走的入侵植物。但事物都有兩面性。蒼耳帶給人類一項經典的仿生學設計，就是現在被廣為使用的魔鬼氈。魔鬼氈也叫「子母扣」，是現在特別常用的一種材料。魔鬼氈一面是細小柔軟的纖維，另一面是較硬帶鉤的刺毛，就像蒼耳的小鉤刺。

魔鬼氈的靈感來源於瑞士工程師喬治・德・梅斯特拉爾遛狗時的經歷。每次他帶著愛犬走過一片生長著蒼耳的綠地，狗狗身上經常會黏著不少蒼耳的果實。經過仔細觀察，梅斯特拉爾發現蒼耳的果實上有很細小的「鉤子」，小鉤刺會與柔軟的狗毛絞在一起，因而很難從狗身上摘下來。他對這兩種自然界中的結構進行模仿設計，魔鬼氈於是就誕生了。

其實生物並沒有好壞之分，只是看它是否被放對了位置而已。

07

某一天，蒲公英會被人類吃滅絕嗎？

　　蒲公英是一種非常可愛非常常見的植物，可以讓我們玩小傘兵，還可以餵蠶寶寶。除了好玩、有用，還有人特別熱衷於吃蒲公英，人們認為它是一種特別健康的野菜。

　　你有沒有覺得現在的蒲公英越來越少了？會不會在以後的某個瞬間，它從地球上消失了呢？

蒲公英真的不止一種

說起蒲公英，並不是單指一種植物，而是對一個家族的稱呼。全世界的蒲公英屬植物加起來，一共有 2000 多種。我們在草地上看到的蒲公英，很可能是很多個物種所組成的。

雖然大小和形態有所不同，但蒲公英家族有一個共同特徵，那就是它們的生命力超級旺盛，堪稱植物界的「小強」。舉個例子吧，單單就繁殖這件事，蒲公英可以異花授粉、自花授粉，還可以無性生殖──意思是不接受花粉，只要有雌花就能結出果子（種子）。相當於只要有媽媽，不需要爸爸，就能生個小寶寶。這本事，真的是無草能及啊。

但是，再厲害的植物也抵不過人類的小鏟子。無數蒲公英還來不及散播自己的小傘兵，就成了餐桌上的野菜，但是這種野菜真的好吃嗎？

蒲公英真能「去火」嗎？

　　吃過蒲公英的朋友肯定對它們的滋味印象深刻，那是一種超級苦的味道，介於藥湯和橡膠的味道之間。這種味道，想起來舌頭都有點發麻。有些人為了減輕這種苦味，想出了先汆燙再涼拌或做餡的辦法。但是說實話，蒲公英的味道遠不及市場上的那些普通蔬菜，跟它的表兄弟──A菜和生菜無法相提並論。

　　既然不好吃，那為什麼還有人要吃呢？

　　有人認為，吃蒲公英對身體有益，特別是它的苦味可以「去火」。其實這又是一個玄而又玄的說法，所謂的火氣，不過是一堆身體不適症狀的通稱，比如毛囊發炎、牙齦腫痛、便祕口臭，這些都算上火。那吃蒲公英能解決這些問題嗎？顯然不能！

　　就目前來看，蒲公英所含的化學物質，頂多有一些抑制細菌生長的作用。除此之外，它再沒有什麼值得稱道的功能了。蒲公英根本就不是什麼萬用仙丹。

很多植物像我們人類一樣，有媽媽（雌蕊）也有爸爸（雄蕊）。雌蕊提供胚珠，雄蕊提供花粉，兩者結合就形成了種子。大多數植物的花朵中既有爸爸（雄蕊），也有媽媽（雌蕊），也就是說，同一朵花自己就可以產生種子，這種情況就叫「自花授粉」。如果一朵花產生的花粉，必須去找另一朵花的雌蕊，才能產生種子，那就叫「異花授粉」了。

植物會被吃滅絕嗎？

世界上被人類吃絕種的物種著實不少，最典型的例子就是旅鴿。這是一種曾經廣泛分布於北美的鳥類，數量一度達 50 億隻！但是鳥兒再多，也敵不過人類的貪婪。從 1805 年到 1912 年，在短短 100 多年間，旅鴿竟被人類吃得乾乾淨淨，一個活口也沒有留下。

因此，如果有一天，蒲公英從我們身邊消失了，這一點都不讓人意外。

野菜中居然有天然毒藥！你還要挖嗎？

現如今，人類的種植能力越來越強了，連雪花飄飛的冬天都可以種出草莓來。儘管營養豐富的蔬菜早就在菜市場等著大家了，有些人還是對田野路邊的野菜充滿了嚮往，因為有種說法流傳甚廣：「人工種植的蔬菜，有化肥，有農藥殘留，有基因轉殖！這些都對人體大大不利！所以，只有純天然的，才是最好吃、最健康的。」這是真的嗎？

野菜真的是 100% 最安全最健康美味的蔬菜嗎？我們不妨來說說野菜中潛藏著的風險。

野菜的第一大武器：生物鹼

「生物鹼」這類毒素種類繁多，作用也非常複雜。我們經常能碰到的是茄科植物的龍葵鹼（比如龍葵），以及百合科植物（比如萱草屬的各種野生金針花）的秋水仙鹼。

通常來說，這些生物鹼並沒有特殊的苦澀味，偶爾給舌頭帶來的麻味，也很容易與調料中花椒的麻味混淆在一起。於是，很容易就被吃下肚了。直到出現噁心、嘔吐、呼吸困難等症狀，才發現自己中招了。

生物鹼的毒性可不容小覷。比如，龍葵鹼會抑制我們中樞神經的活動，並且起效極快，如果不及時就醫，很可能會有生命危險。而秋水仙鹼更是會影響細胞的分裂過程，甚至會造成組織壞死。要知道，200 毫克的龍葵鹼就可以讓人中毒，而只需要40 毫克秋水仙鹼就能將一個 25 公斤的人殺死。更毒的是烏頭鹼，3 ～ 5 毫克就能取人性命。2010 年，新疆托里縣的 6 名工人將烏頭誤作野芹菜食用，結果他們都中毒身亡了。

野菜的第二大武器：氰化物

比起生物鹼來說，野菜裡的氰化物也超級危險！

我們經常在蕨菜和苦杏仁中發現這種物質。相對於生物鹼，氰化物通常有更強的迷惑性——它們通常是以糖苷的形態存在的，這個時候是沒有毒性的。一旦進入消化系統，分解之後就會變成可怕的氫氰酸，這種化學物質會讓動物細胞喘不上氣來，最後致使整個人體都停工了。到這時，中毒就不可逆轉了。50～100毫克氫氰酸就可以致人死亡，這只是相當於吃下二三十顆苦杏仁而已。蕨菜中的氰化物一樣兇猛，如果不及時處理，一樣會有生命危險。

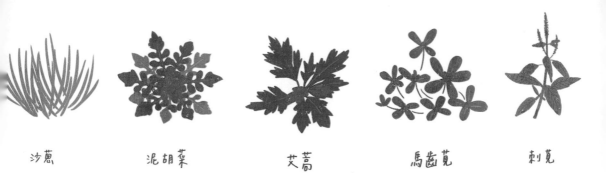

沙蔥　　　泥胡菜　　　艾蒿　　　馬齒莧　　　刺莧

野菜的第三大武器：
品種繁多的小眾毒素

　　與生物鹼和氰化物相比，梫木毒素要算是小眾毒素了。它們通常出現在杜鵑花等杜鵑花科的花朵之中。在百花盛開的春季，大家很有可能經不住大朵杜鵑花的誘惑，旺火快炒，大快朵頤，結果就中招了。食用過多時，就會引發抽搐、昏迷，甚至死亡……所以，品嚐春天的滋味還是要適可而止。

　　酚類化合物出場的機會比較少。我們平常碰到的就是漆酚和棉酚這樣的物質。如果哪天有人向你的爸爸媽媽推銷天然的棉籽油，你可要小心了，那些油中就含有棉酚，那可是會引發嚴重過敏反應的物質。這樣的「純天然」，不要也罷。

　　現在你知道了吧？純天然的野菜未必安全，嘗嘗鮮即可，可不要盲目多吃哦。

09

喂，119 嗎？有人被樹葉砸暈了！

你喜歡用樹葉做書籤嗎？不過，並不是所有樹葉都能被夾進書裡。有些體型可觀的樹葉能給人一萬點暴擊，直接就能把人砸暈。

什麼樹葉如此厲害？我們為什麼會在城市裡種植這樣危險的植物呢？

其實，城市路邊的「行道樹」選擇可是大有學問，可不僅僅是增添綠色那麼簡單。

城市綠化的第一階段：
長得飛快的速生樹種

　　城市綠化的第一階段目標，就是讓城市穿上綠衣裳。

　　比如在城市建設初期，泡桐和毛白楊就是中國北方大部分城市的選擇。原因沒什麼特別的，就是因為它們長得夠快——一人高的泡桐樹苗，只要兩三年時間就可以竄到五六公尺，堪稱速生樹種裡的佼佼者。很快，這些新道路和新校舍就有了綠蔭。

　　在 20 世紀 80、90 年代之前，泡桐和毛白楊幾乎是中國北方綠化的主力樹種，也幾乎是當時「植樹造林」的代名詞；而在南方區域，各種棕櫚和榕樹就成了首選，不僅綠意盎然，還能營造出一些熱帶風情。但是這樣為了追求綠化速度的應急處理，隨著時間的推移，逐漸顯現出了弊端。

TIPS
速生樹種

....

顧名思義，速生樹種就是那些在相同時間和相對適宜的條件下，
長得快並且成熟快的樹種。像毛白楊，只要四五年就可以成材使
用了。而海南黃花梨，至少要生長百年以上才可用。

....

花花草草和大樹，我有問題想問你

城市綠化的第二階段：
愛惹麻煩的樹木不能要

　　人類對於城市綠化和城市建設的理解是逐漸加深的。城市綠化的第二階段目標，就成了「安全和美觀，兩者不可少」。

　　為什麼會有這樣的變化呢？因為之前栽種的那些樹木給人類惹了不少麻煩，比如樹葉能把人砸暈的大王椰子樹——它們的一個葉片就長達三四公尺，重達十幾公斤。這樣一片葉子砸到人的腦門上，不暈才怪。

　　更麻煩的是，很多植物的繁殖行為也給我們帶來了不少煩惱。比如一到春天就使勁釋放楊絮的楊樹家族。這些楊絮的纖維很短很細，足以襲擾人類的免疫系統，打噴嚏、流眼淚都是輕微症狀，嚴重時還會引起哮喘和皮膚紅腫呢。

花花草草和大樹，我有問題想問你

城市綠化的第三階段：
綠化帶也是動物的家

　　當人類越來越意識到保護環境、多物種和諧生活的重要性時，城市綠化的目標發展到了第三階段——綠化帶也要成為野生動物的家園。我們都不想把城市變成鋼筋混凝土的森林，都希望多一點動物生活在我們身邊。有朋友說，這個簡單，我們多種樹種草不就好了嘛！這個想法很美好，但實際操作可不簡單。

　　要想讓動物們在城市綠地安家，「食物」和「居所」都必不可少。如果綠化帶裡只有泡桐和柳樹，那各種動物可就只能餓著肚子乾瞪眼了，總不能讓松鼠和喜鵲們去吃楊絮吧？倒是像玉蘭、桑樹、山楂、柿樹、山杏、山桃、忍冬等這些植物，既可以提供花朵和果實，又可以為鳥獸提供歇腳睡覺的地方——將不同種類的樹木有機搭配，才是經營城市生態系統的可取做法。

　　說起來，在城市裡種一棵「正確」的樹還真是不容易。我們不妨向園林工作者致敬，也要記得好好珍惜和保護城市綠化裡每一個綠色的生命啊。

10

關於柴火的二三事

　　中國人說「開門七件事，柴米油鹽醬醋茶」，我們每一天都要跟這些事情打交道，只要張嘴吃飯，就不能少了它們。雖說今天的家中已經少有柴火灶，但是要想吃正宗的烤鴨，還是少不了柴火。

爆炒雞丁的出現，是因為缺少燒火的木頭

在人類剛剛學會用火的時候，世界上到處都是可以用來燒火的木頭，隨便撿點來燒就好。火的使用大大改變了人類的食譜，那些不容易消化的糧食種子變成了可口的米粥和爆米花，那些帶著寄生蟲的牛羊肉變成了美味安全的烤肉。

到了宋朝的時候，隨著人口數量的增長，砍柴變成了一件越來越困難的事。村莊周圍的柴砍光了，身居山區還可以上山砍柴，但是在城市和平原居住的人又該怎麼辦呢？沒有柴火，家裡的餅都烤不熟了。

還好這個時候製鐵技術大大進步。這種金屬不再是軍隊專有的兵器原料，普通百姓家也用上了鐵鍋。把農田裡收回來的稻草秸稈塞進鐵鍋下的灶膛，把食物切成小塊在鍋裡快速翻動，很快就熟了——這就是「炒」的起源。

相反，對於人口稀疏、燃料豐富的西方人來說，一直都沒有「炒」這種應對燃料匱乏的烹飪技藝。

山楂樹是用來燒火的

　　當然，中國人的智慧不僅僅在節約，還在開源。沒有柴火，我們可以自己種，比如說種山楂。對，就是那種可以串糖葫蘆的山楂。

　　在中國，山楂的使用歷史已經超過 2000 年，在《爾雅》及《山海經》中都有記載。不過，中國古代的山楂樹不是果樹，也不是愛情象徵，而是用來燒火做飯的廢柴。在《齊民要術》中，對山楂的描寫是這樣的：「杭……多種之為薪。」這裡的「杭」就是中國古人對山楂的稱呼。在李時珍的《本草綱目》中，山楂第一次被編入了果部，這才有了水果的身分。

　　無獨有偶，在西南邊陲的西雙版納，當地的傣族同胞也用種樹的方法來維持自己的烹飪習慣。栽種的樹叫鐵刀木，這種樹有很強的萌發能力，砍掉枝幹之後，用不了多久就又會萌發出新的枝幹。所以在每個傣族的村寨旁都會有一片鐵刀木林，專門提供柴火。

烤鴨的果木香味

今天，烹飪時使用柴火的地方越來越少，烤鴨就成了少有的、必須使用木柴來烹飪的美食。

北京烤鴨與南京鹽水鴨一脈相承，在明成祖朱棣遷都北京之後，也把南京的很多東西都搬到了北京，包括鹽水鴨。經過改良之後，鹽水鴨變成了我們今天吃到的北京烤鴨。北京烤鴨的特別之處，是要使用桃、梨、櫻桃這些果木來烤製，好讓鴨子肉帶上特別的果香氣。

不同的木材有不同的氣味，比如說紫檀木的香氣，樟木的樟腦丸氣味……實際上，這些氣味是樹木為了保護自己不受害蟲和真菌侵襲的武器，卻也成為人類生活中的好幫手——比如像檀香那樣提神醒腦，像樟腦那樣保護衣物，或者為北京烤鴨增添別樣的風味。

11

植物也會「出汗」

　　炎炎夏日，踢完一場球賽，每個隊員都已經是汗如雨下。如果這個時候，能在樹陰下乘涼，那可是再舒服不過了。不過你知道嗎？我們之所以能在大樹下享受陰涼，也是因為大樹在出汗降溫呢！

每時每刻都在出汗

我們都知道，人體要一直保持相對穩定的溫度。

一旦體溫上升，大腦就會發出「趕緊出汗」的指令，這時所有汗腺開始工作，汗水就從毛孔裡冒了出來，以達到降低體溫的目的。大樹們的汗水，通常是從葉片的氣孔裡冒出來的。不過，大樹們出汗可不是為了降低溫度，而是為了運輸養分。

我們都知道，植物的根會吸收養分和水分，但是你有沒有想過，植物是怎麼把這些物資運輸到十幾公尺甚至上百公尺的樹梢的呢？想想看，如果你家住在十樓，正好停水了，你要花多大的力氣才能把一小桶水從一樓送到家裡呢？

起初人們認為，大樹是通過「毛細現象」來「提水」的。所謂毛細現象，簡單來說，就是水會順著很細很細的管道向上「爬」。我們可以用一個比較細的玻璃管體驗一下，玻璃管越細，水爬得就越高。可是，經過計算發現，以大樹輸送

管道（維管束）的尺寸產生的毛細現象，根本無法把水分送到幾十公尺高的地方。

　　實際上，大樹使用的還真是「水泵」—— 它們就是枝幹頂端的那些葉片。葉子通過不停的向空氣中釋放水汽（這個過程被稱為「蒸散作用」），迫使樹幹維管束的水分前來補充，這樣節節傳遞，就像是把樹根吸收的水分給抽了上來。因為跟蒸散作用有關，這種特別的提升力被稱為「蒸散拉力」。不過，這個供水系統究竟是如何維持常年運轉的，以及為什麼會產生如此巨大的拉力，到目前還是個謎。

植物究竟一天要出多少汗

　　盛夏時節，每公頃加拿大白楊林每天都要從土壤中抽取出 50 噸水貢獻到空氣中去。對於白楊這樣的闊葉樹來說，從根部吸進水分的 99.8% 都要蒸發掉，只有 0.2% 用於光合作用；在它們生長的過程中，要形成 1 公斤的乾物質，大約需要從土壤中抽取 300 公斤～ 400 公斤的水釋放到空氣中！相對來說，針葉樹要節儉得多，每公頃油松每個月只需蒸散掉 50 噸左右的水。

　　可以肯定的是，大樹「出汗」會帶走很多熱量，所以我們才能享受到涼爽的樹陰。出汗多的楊樹林比松樹林更涼爽，就是這個原因了。

滿頭大汗的滴水觀音

「蒸散」這種出汗現象雖然經常進行，但是排放到空氣中的水蒸氣卻是無色無形的。不過稍加留意就會發現，有些植物真能汗流浹背呢。

這些植物裡面，最典型的要數滴水觀音（天南星科海芋屬）了。這種植物，在潮濕的早晨，我們能看到有水珠從它們的葉片上滲出，滴水觀音也因此得名。科學家們給這種出汗過程取了個名字，叫「泌溢現象」。除了滴水觀音，番茄、小麥、燕麥等植物也都存在泌溢現象。

像我們人類的汗液一樣，這些植物出的汗，主要成分就是水。除了水，這些「汗水」中可能還溶解著一些其他成分，比如在針對小麥等作物幼苗的實驗中就發現，這些水滴中含有糖（主要是葡萄糖）、氨基酸（主要是天冬胺酸和天冬醯胺酸）和礦物質。當然，這些成分的含量非常少，幾乎可以忽略不計了。

為什麼植物要吐出這些對自己很重要的水，把水分白白浪費掉呢？實際上，泌溢現象是植物的一種正常生理活動。這主要是因為植物在潮濕的環境下，蒸散作用會大大減緩。為了保證植物體內的水分平衡，必須把多餘的水分從葉片上排出去。

　　除了「出汗」，濕熱地區的植物葉片還自己配備了「速乾裝置」。因為在這些地區，葉片如果長時間處於溼潤狀態，就很容易被真菌感染。於是，生長在這些地區的植物，都會有修長的尖端——葉尖。其中，以菩提樹的葉尖最為明顯。這個葉尖的功能就是讓水分盡可能快的聚集在這裡，並滴落到地面上去，這稱得上是高效的「速乾裝置」了。

　　看來，熱帶的植物跟熱帶的人一樣，都是喜歡出汗的。

12

真聖誕樹 VS 塑膠聖誕樹，哪個更環保？

　　每年的 12 月 25 日，是西方重要的傳統節日——聖誕節。不知道大家還相信聖誕老人和馴鹿雪橇的故事嗎？不管信不信，對小朋友來說，聖誕節最愉快的時刻，大概就是在美麗的聖誕樹下找到包裝精美的禮物吧。

　　現在大家都知道要愛護樹木，保護森林。製作聖誕樹，也從砍伐真正的植物變成用塑膠的聖誕樹來代替。不過，使用塑膠聖誕樹確實更環保嗎？

姍姍來遲的聖誕樹

關於聖誕樹最早的記載出現在西元 16 世紀，那已經是耶穌出生 1500 年之後的事情了。1570 年，德國不來梅市工業協會的年冊上，第一次出現了關於聖誕樹的報導：大人們將一棵冷杉樹，用蘋果、堅果、椰棗、餅乾和紙花等裝飾，樹立在工業協會的房子裡，來取悅聖誕節搜集糖果的工業協會成員的孩子們。

後來，這個美妙的主意被人們競相模仿，樹上的裝飾掛件慢慢變成了鈴鐺、雪花、小禮物，還有彩燈。既然是娛樂道具，也就沒有什麼種類限制——因地制宜，松樹、杉樹都可以拿來用。

擔任聖誕樹的主力成員

　　在人類歷史上，被用作聖誕樹的植物非常多，人們通常是就地取材。後來，聖誕樹的重任落到了松科雲杉屬和冷杉屬的眾植物身上，特別是冷杉屬的植物後來居上，成為聖誕樹的主力成員。

　　冷杉屬和雲杉屬的成員們之所以成為聖誕樹的主力，是因為它們的「固髮」工作做得比較好。葉片不僅能保持青翠，還能長時間掛在枝條之上，適合長期擺放。只要有足夠的儲存空間，甚至第二年還可以用。

　　目前，商業種植的聖誕樹主要是冷杉屬的植物（包括銀冷杉和拔爾薩姆冷杉等）。一方面是因為它們能保持翠綠的枝葉，另一方面是因為這些植物的氣味清新宜人，能讓大家愉快的度過聖誕節。

　　如今，聖誕樹的種植和商業銷售已經成為一門大生意。僅僅在美國，每年聖誕節就要消耗 3300 萬～ 3600 萬棵聖誕樹；同一時間在歐洲，需求量高達 5000 萬～ 6000 萬棵，如此強勁的消費需求催生了聖誕樹林場——沒錯，就是專門「以生產聖誕樹為目標」的特別林場。早在 1998 年，美國就已經有 1.5 萬個聖誕樹栽培商，大約三分之一是「現選現砍」的農場主；而在同一年，美國人在購買聖誕樹這個項目上花費了 15 億美元！

　　通常來說，聖誕樹林場會選擇適合的冷杉和雲杉樹苗進行漫長的培育，從樹苗長成到可以採伐的樹木，大約需要 6 年的時間。

　　花花草草和大樹，我有問題想問你

沒想到！真聖誕樹更環保

採伐冷杉作為聖誕樹，看起來是個不太環保的行為，但是很少有人會注意到，這種行為比使用塑膠聖誕樹更為環保。

2013 年，英國研究人員對兩種類型聖誕樹的生產、運輸和銷售過程中產生的碳排放進行對比分析，結果發現：消費一棵真的聖誕樹，平均會產生 3.5 公斤二氧化碳；而消費一棵同等大小的塑膠聖誕樹，則會產生 48.3 公斤二氧化碳。

雖然塑膠聖誕樹可以反覆使用，但至少要重複使用 12 次以上，才能與天然聖誕樹的二氧化碳排放量持平……恐怕很少會有家庭能在 12 年後再翻出家裡那棵古董聖誕樹吧。

另外，在聖誕樹的栽培過程中，利用的是大氣中的二氧化碳，並且會把這些二氧化碳暫時固定在樹木體內。從這個角度來講，使用真的聖誕樹，反而是更環保的一件事情。

種樹能與保護自然環境畫等號嗎？

　　我們知道，每年的 3 月 12 日都是我國的植樹節，積極鼓勵大朋友和小朋友們植樹造林。我們經常把「種樹」這件事等同於保護自然、播撒希望，但事實卻沒有這麼簡單。

有時，種樹可能會浪費
寶貴的地下水資源

　　種樹一個相當重要的目的，就是水土保持。實際上，像白楊這樣的闊葉林可不會節約用水！它們用起水來闊綽得很，比如在前面文章中提過的加拿大白楊林。夏天時，每公頃加拿大白楊林每天要從土壤中吸取出 50 噸水「貢獻」到空氣中去，其中從根部吸進水分的 99.8% 都要蒸發掉，只有 0.2% 用作光合作用。在它們生長過程中，要形成 1 公斤乾乾硬硬的樹幹，大約需要從土壤中抽取 300 公斤～ 400 公斤的水釋放到空氣中。

　　相對來說，針葉樹要節儉得多，每公頃油松每個月只需蒸散 50 噸左右的水。即便如此，在乾旱地區獲得這些水也是個「不可能的任務」。本來當作水塔請來的綠樹反而成了加濕器，不但不能涵養土壤水分，反而會浪費寶貴的地下水資源，你沒想到吧？

有時，綠色並不代表著生命

肯定有人要問了：乾旱地區種樹要挑品種，那麼，至少在雨水充沛的地方，只要種樹就都可以讓荒山披綠裝，再現盎然生機吧？

實際上，目前在雨水充沛地區種植的人工林，大多是橡膠樹、桉樹等與經濟相關的樹種。雖然能讓荒山換新顏，但是它們吸引和留下鳥獸的功夫著實不高明。

舉個例子：一般來說，生活在人工桉樹林中的脊椎動物，種類和數量僅為混交林的 $\frac{1}{7}$ 左右，甚至還不夠荒原動物總數的 $\frac{1}{5}$！桉樹是這裡的統治者——它們搶占了土壤，遮蔽了天空，還能從根系中分泌化學物質，抑制其他植物的生長，只有寥寥幾種草本植物能在這裡隱忍生存。

花花草草和大樹，我有問題想問你

TIPS
什麼是荒原？
....
生態意義上的荒原，
是指沒有森林覆蓋的
土地，但是會生長地
衣、苔蘚等植物，也
可以保證動物的生存。
....

　　沒有了合適的草，自然不會有以草為食的昆蟲；沒有了昆蟲，自然不會有以此為生的鳥獸了。

　　橡膠林的狀態更是有過之而無不及，以至於有人這樣評價橡膠林──那不過是綠色的沙漠罷了。如果大家去西雙版納的橡膠林中閒逛，放眼望去，都是整齊的橡膠樹。沒有鳥叫，也沒有蟲鳴，只有白色的汁液從刀口處滲出來，一滴一滴的流入膠桶。除此之外，沒有任何的聲音。雖然到處都是鬱鬱蔥蔥的橡膠林，但在這裡，綠色並不代表著生命。

如果大氣中的二氧化碳過多，就會加強溫室效應，在短時間內帶來氣候的巨變。到了那時，地球就不適合人類生存了，所以最好讓碳都固定在土壤中。

種樹在於選品種

那麼，種樹就失去意義嗎？當然不是。

為了改善地球環境，科學家們正在嘗試培育二氧化碳固定能力更強的植物，像芒草這樣有著龐大根系的植物就是首選，因為它們的根系可以將碳固定在土壤中達數千年。

至於說治理沙漠，我們還要求助於那些「沙漠原生樹種」。畢竟上百萬年的進化歷程，使它們積累了對抗乾旱風沙的寶貴經驗，像沙柳、胡楊這樣的原生植物在沙漠生態治理中正發揮著越來越重要的作用。而一些儲水物質的研製，也為它們在沙漠中紮下根提供了有力的支援。

保護現有的植被，要比重新植樹來得容易。中國 90% 以上的新增的沙化、荒漠化土地，幾乎都與過度開墾和放牧等人為因素有關——保護老住戶比招攬新房客更重要。如果我們能尊重一下大自然，那麼它依然會笑臉相迎的。

飯粒們的前世今生

　　我們的飯桌離不開植物的種子 —— 米飯、饅頭、麵條……沒有一樣不是來自植物的種子，甚至連可樂的甜味都是從植物種子裡面來的。

　　可是，你知道它們的身世嗎？小麥有個亂家譜，水稻有顆中國心，玉米居然能變糖漿……我們來聊一聊這些普通而又特別的種子吧。

身世最複雜的種子 —— 小麥

小麥就像是中國北方的代表糧食：饅頭、麵條、餃子，皆因小麥而生。

不過，小麥可是個標準的外來物。早在 7000 年前，中東地區的人們就開始收集和種植小麥了，不過那並非我們今天吃的普通小麥，而是野生「一粒小麥」。跟現在的小麥相比，「一粒小麥」的產量就比較抱歉了。不過，有總比沒有好。

在後來的種植過程中，「一粒小麥」與田邊的「槍穗山羊草」雜交出了「二粒小麥」。細心的農夫把這些籽粒更飽滿的種子收集起來，並開始種植。再後來，不安分的「二粒小麥」又與田邊的「粗山羊草」交流了一下「感情」，於是它們的愛情結晶——真正改變世界食物格局的普通小麥誕生了。

大約在 4000 年前，小麥就進入了新疆，但它進入中原又是在那 1000 年之後的事情了。更有意

思的是，小麥傳進來了，但是小麥粉的加工技術卻還留在了中東老家。所以，很長一段時間裡，中國人吃的都是蒸熟或煮熟的小麥粒。

最中國的種子 —— 水稻

雖然不同品種的大米口感、味道都有不同，但在絕大多數情況下，我們吃到的米飯都來自「亞洲栽培稻」。當然，如果大家有機會深入非洲，還有可能吃到它的兄弟「非洲栽培稻」的籽粒。不過，

後者的產量和種植面積都不及前者。如今，亞洲栽培稻大有一統江湖之勢。

在基因組檢測技術誕生之前，面對紛繁的稻米品種，連分類學家都搞不清它們之間的關係。沒辦法，圓潤清爽的粳米、纖細柔美的秈米、軟糯Q甜的糯米……完全不像是從一個娘胎裡出來的種子。還好，目前的分析技術已經可以幫助我們查到它們的家譜：所有這些稻米都來自同一個祖先——「普通野生稻」。

最「甜蜜」的種子 —— 玉米

可能你會說：我從來都不覺得玉米是糖豆啊，為什麼它最甜？

因為，玉米可以變糖水啊——時至今日，我們喝的甜飲料中，幾乎都有玉米的身影。

玉米變糖水的過程，是因為這三件重要的事情。

第一件是，20 世紀 70 年代，美國人開始對蔗糖徵收重稅了。美國本土的蔗糖售價飛漲，達到了原產地的 2 ～ 3 倍。普通消費者可能感受不到這種價格的變化，但是對於可口可樂這樣的用糖大戶就不一樣了：消費者可不管糖貴不貴，只關心喝到的可樂是不是一樣甜。所以這些用糖大戶們迫切需要找到蔗糖的低價替代品。

第二件是，隨著玉米種植的水平越來越高，美國玉米的產量也越來越高，供大於求，直接導致玉米的銷售價格跌入低谷，想賤賣都找不到出路。

　　第三件是，科學家們找到了把葡萄糖轉變成果糖的方法，通過水解玉米澱粉做成「高果糖玉米糖漿」，成功的找到了完全可以替代蔗糖的產品。

　　當這三件事情湊在一起的時候，由玉米做成的高果糖玉米糖漿就成功「逆襲」了，大量的玉米澱粉變身成為甜蜜元素。

　　知道了這些餐桌上的小種子們的前世今生，再看到它們、吃到它們的時候，你的心情會不會有點不一樣呢？

年糕：米的魔幻表演

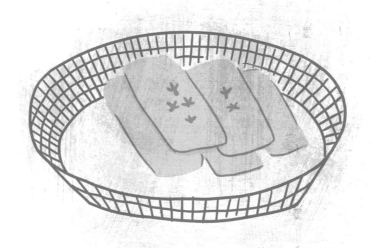

春節的餐桌總是特別豐富。琳瑯滿目的各式美味中有些特別的菜餚，正因為它們才有了年的味道，正因為它們才有了團聚的滋味，正因為它們大家才體會到家的溫暖——年糕就是這樣逢年必吃的年節佳餚。不管是江浙的酒釀煮年糕，還是西南的火腿炒年糕，抑或是西北的黍子麵年糕，透露出的都是濃濃的春節氛圍。

據說年糕的誕生和戰國時期吳國大將伍子胥有關，後來成為常見的民間美食。可是，大家知道年糕是怎麼做的嗎？為什麼冷的年糕硬、熱的年糕軟呢？據說糯米年糕吃多了不好消化，這又是不是真的呢？

年糕與城磚

據說，年糕的誕生跟戰國時期著名的吳國大將伍子胥有關。

當年，伍子胥力諫吳王滅掉越國，可惜吳王並沒有聽從他的建議，而是命令他修建了壯麗的都城供自己享樂。後來，吳王聽信讒言賜死了伍子胥。臨刑前，伍子胥告訴大家，如果有一天都城被越軍所困，可以去城牆下挖吃的救命。起初，大家都覺得這就是一個玩笑。直到有一天，吳國都城真的為越軍所困，彈盡糧絕，人們這才想起伍子胥的話。他們挖開城牆一角，結果發現，那些城磚竟然是用大米做成的。終於全城百姓都免受饑荒之苦。後來，人們為了紀念伍子胥，就開始製作城磚一樣的米糕，當然個頭要小得多。這就是關於年糕來歷的傳說。

從這個故事我們知道，伍子胥的年糕有兩個特點：一是耐儲存，很久之後拿出來依然可以吃；二是夠硬，不會像果凍一樣，稍微施加點力量就變成軟軟的一攤了。正因為如此才能偽裝成城磚吧。

可是問題來了，我們熟悉的餐桌上的年糕，都是軟軟糯糯的，怎麼能偽裝成硬硬的城磚呢？難道伍子胥的年糕用的是特殊的米嗎？

不同口感與米的變幻

　　一說到年糕，一般都會認為一定是糯米做的，因為它們的黏性像極了我們熟悉的粽子和糯米糕。但實際並非如此，去超市的生鮮區，我們很容易就能找到硬邦邦的「水磨年糕」，和柔軟的年糕質感相當不同。

　　其實，常見的年糕可以分為三類。

　　第一類以上海年糕、雲南蒙自年糕為代表。這些年糕確實是用糯米製作而成的，大概是最早的年糕。早自漢朝起，人們就開始吃這種食物了。漢代人揚雄在《方言》裡記錄說，當時的人們，會把糯米蒸熟，然後舂成麻糬，再切成小條，油炸之後就是一道美味了。至今，油炸年糕仍然是受人歡迎的美食。

第二類年糕，就是現在非常流行的水磨年糕了。這些年糕不是用糯米，而是用非糯性的粳米或秈米做的。製作過程有點像磨豆腐，把米粒浸泡在水中足夠長時間，讓米粒吸足水分，然後用石磨把米粒磨細，之後再把米漿做成塊狀的年糕。其中最具代表性的就是寧波水磨年糕了。

第三類年糕比較混搭，其中混雜了粳米、糯米與各類雜糧，甚至有各種餡料和調味品。比起前兩種可以當主食的年糕，這樣的年糕就是小朋友們喜歡的甜點了。

年糕為什麼是黏黏的

不管是哪種年糕，加熱到足夠高的溫度，我們都能享受到軟糯的口感。這又是為什麼呢？

這還得從大米和糯米的成分說起，我們先來聊一聊做年糕的粳米、秈米、糯米的關係。

粳米長得圓圓的，在北方比較多見，特別有代表性的就是東北大米了；秈米則是長粒米，南方的大米大多是這個樣子的，其中的代表就是泰國香米了。至於糯米呢，雖然經常被單獨拿出來說，可它並不是與粳米和秈米對等的第三個品種。糯米的特點在於其口感軟糯的特徵，不管是粳米還是秈米，其中都有糯米。所以，糯米真正對應的，是普通的非糯性的大米。

為什麼大米會有糯和不糯的區別呢？這是由米粒中含有的不同的澱粉種類決定的。

雖說澱粉都是由很多很多個葡萄糖分子組成的，但是樣子卻不一樣：有的就像是一條絲線，直直順順的，這樣的澱粉叫作「直鏈澱粉」；而有的則像大樹一樣，枝枝杈杈非常多，這樣的澱粉叫作「分枝澱粉」。樹枝一樣的分枝澱粉容易跟水分子攪和在一起，變得黏糊糊的，糯米裡面幾乎都是這種澱粉，所以糯米黏黏的，也就不奇怪了。

可是，為什麼用普通大米做的年糕，吃起來也是黏黏的呢？這是因為直鏈澱粉在高溫下，也會跟水拉近關係，變成黏糊糊的一團，這個過程叫作澱粉的「糊化」。

　　所以，不管是糯米年糕，還是普通大米年糕，熱的時候吃都有黏的口感。只是當溫度下降的時候，很多直鏈澱粉就要跟水分子說再見了，重新變回成硬邦邦的狀態，就好像大米還是生的一樣，於是人們給這種現象取了個很形象的名字——「回生」。放在冰箱裡的水磨年糕硬硬的，就是因為回生了。

　　通常來說，直鏈澱粉的含量越高，大米製品就越容易回生，而支鏈澱粉多的糯米製品就好多了。這也就是我們吃冷的糯米年糕和糯米粽子時，依然會感到軟糯的原因了。

我們來說一個可怕的事情：吃青菜！

　　青菜、白菜、卷心菜……對於健康飲食來說，葉菜類是必不可少的。但很多小朋友都不喜歡吃青菜，爸爸媽媽就會批評他們挑食，不好好吃飯。

　　其實，這還真的不是小朋友們的錯──青菜們確實有自帶的化學武器。

成員眾多的青菜大家族

我們說的青菜，其實是一個大家族。青菜家族的各位，為什麼要帶「化學武器」這麼危險的東西呢？

因為青菜們要防身啊——在野外，青菜要防禦動物的啃咬，這些動物也包括我們人類。這種大名「異硫氰酸鹽」的化學武器，本身就是苦苦的、臭臭的，再加上小朋友的味覺和嗅覺都比較敏感，不喜歡吃青菜也是在情理之中。

不過，青菜裡面還是有很多有用的物質，比如說維生素，比如說膳食纖維。不說別的，多吃青菜至少可以讓我們更暢快的便便，再也不用擔心拉出來羊大便一樣的硬便便了。

青菜大家族裡成員眾多，有的味道重，有的味道清淡。小朋友們該從什麼青菜開始嘗試呢？常見的青菜分別屬於白菜家族、甘藍家族和芥菜家族，這三個家族的口味究竟有什麼不同呢？

白菜大家族

白菜家族是味道最清淡的青菜家族，氣味特別小，也是最容易被小朋友接受的青菜。

大白菜大概是跟中國人關係最親密的青菜之一了。它們也非常容易辨認，大白菜白色的葉子衣服都是緊緊的裹在自己身上的。因為耐儲存、味道好，於是成為了北方冬天重要的蔬菜。

小白菜通常被認為是一種特殊的蔬菜，但是在北方大部分地方，大家吃的「小白菜」其實是小的大白菜。與大白菜白色的葉子不太一樣，小的大白菜的葉子是綠色散開的。

小油菜是南方的小白菜，它是一種特殊品種的白菜，叫油白菜。有小朋友說，這種蔬菜並沒有油啊。其實，這種小白菜初始的任務就是生產菜籽，用來榨油。只不過後來發現它們的葉子也挺好吃的，於是才有了新身分。

　　比起其他食用歷史悠久的「老前輩」，塌棵菜算是新出現在人們餐桌上的一種青菜了。因為像是被踩扁的菜，所以叫塌棵菜；因為形狀像一朵花，也被叫作菊花菜。不過這可不是什麼神奇的新品種，而是一種原始的白菜。宋朝之前的大白菜都長這副菊花模樣。

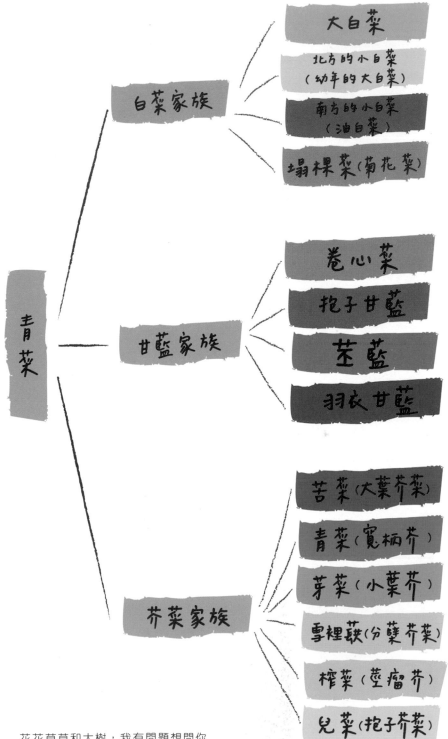

花花草草和大樹，我有問題想問你

甘藍大家族

卷心菜就像大白菜一樣，也是一個超級超級大眾的菜品。它的老家在歐洲。

像大白菜一樣，最原始的甘藍葉片通常是散開的，只是因為基因的變異才出現了包心的現象。卷心菜通常是綠色的，但也有花青素豐富的品種，呈現豔麗的紫色，被稱為紫甘藍。因為花青素比較多，所以紫甘藍吃起來有特殊的澀味。

迷你的抱子甘藍就非常可愛了,我們吃的部位不是它巨大的葉球,而是那些生長在莖稈上的小芽。一個個小芽特別像縮小版的卷心菜,然而這些小芽有明顯的苦味,顯然不太符合小朋友的口味。它們通常被整個做成沙拉或者烤著吃。

球莖甘藍,顧名思義,就是莖稈長成圓球的甘藍,它們通常被叫作苤藍。苤藍同蕪菁非常相像,只不過前者吃的是莖,圓球上表面均勻分布著很多葉柄的痕跡。切絲清炒、煮湯都不錯,老北京的八寶醬菜中就少不了苤藍這一寶。

羽衣甘藍,葉片像羽毛的甘藍,比紫甘藍還要美豔,然而它們的主要出場地點是在花壇中。因為羽衣甘藍的纖維很多,口感粗糙,並不是一種好蔬菜,所以我們只要觀賞它們就可以了。

芥菜大家族

常見指數：三星
難聞指數：五星

　　一說到芥菜，人們通常想到的就是大頭菜，但是大家可能不知道的是，我們吃的很多青菜都是芥菜家族的成員，它們的名字叫「葉用芥菜」。芥菜家的成員都有比較重的芥菜氣味，苦菜、青菜、雪裡蕻都是這個家族的常見成員。

　　苦菜的大名是大葉芥菜。這種芥菜的個頭比較大，直接吃或者做成醃菜都相當不錯，四川著名的冬菜就是用大葉芥菜製成的。

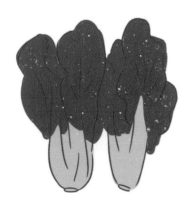

　　青菜通常是指寬幫青菜，在南方各地都廣為栽培。它們的特點是葉柄很寬大，特別像白菜，然而葉子都是碧綠色的，身上的刺毛也很少，用來煮湯、清炒都挺美味。

對北方人來說，雪裡蕻更是一種重要的青菜。它們的葉子更像是一根根羽毛，葉子上一根刺毛都沒有，通常會長成大叢大叢的。北方很多地方會把雪裡蕻醃製成酸菜，十分開胃下飯。

當然，葉用芥菜家族的成員遠不止以上幾種，還有葉瘤芥、長柄芥、花葉芥、鳳尾芥、卷心芥等小眾品種。當然別忘記，芥菜裡最出名的，還是做成榨菜的莖瘤芥。

另外，最近幾年餐桌上流行起來的兒菜其實也是一種芥菜。一大塊植株上有很多個小芽，把這些芽一個個分開，用高湯或者清水來煮，再加點辣椒和蒜瓣做成的蘸水，真是美味極了。

好了，說了這麼多青菜，小朋友們有沒有被繞暈啊？別急，一種一種吃過去，青菜大家族就認得清清楚楚啦，祝大家吃青菜愉快。

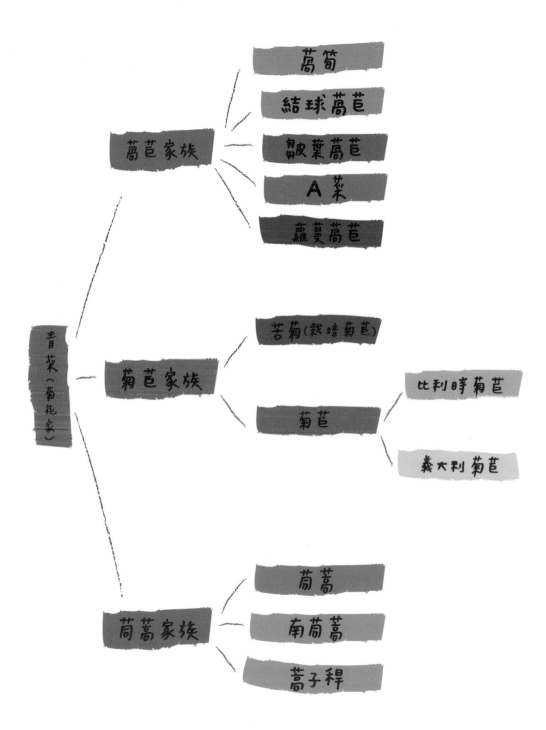

糊塗了！它們是同一種水果嗎？

　　現在水果店裡的果品越來越琳瑯滿目了。中國各地的水果，甚至來自世界各國的水果，都可以方便地買到。不過，有些水果店言之鑿鑿的說：奇異果可不是獼猴桃，鳳梨比菠蘿更好吃，車厘子比櫻桃更高級……這些說法究竟是不是真的呢？

獼猴桃 VS 奇異果

其實，奇異果就是獼猴桃。

目前市面上的獼猴桃，按物種分主要有兩種——美味獼猴桃和中華獼猴桃（也有極小可能碰到軟棗獼猴桃）；按果肉顏色分主要有兩種——綠心和黃心（當然也有紅心，但是比較少）；按有沒有去紐西蘭「留學」過，也可以分為兩種——獼猴桃和奇異果。

好了，現在很清楚了：從經歷上講，獼猴桃就是土生土長的中國水果，而奇異果（英文是 kiwi fruit）曾經到過紐西蘭，可以說是「海歸」了。

蛇果 VS 蘋果

　　蛇果就是一種蘋果。

　　世界上幾乎所有的栽培蘋果都是一個物種，它們是新疆野蘋果和歐洲野蘋果雜交之後產生的後代。如今龐大的蘋果家族都是一個種，就像世界上所有的狗狗都是一個種一樣。

　　另外，蛇果其實跟蛇一點關係都沒有，它的名稱來自於對 "delicious" 的音譯「地厘蛇」，後來被進一步簡化成了「蛇果」。

車厘子 VS 櫻桃

　　「車厘子」來源於歐洲甜櫻桃 "cherries" 的音譯，一如蛇果來源於 "delicious" 的音譯「地厘蛇」一樣。其實，車厘子就是歐洲甜櫻桃的一個品種，特點是果肉緊實多汁。

　　好了，這下清楚了，其實車厘子主要指的是歐洲甜櫻桃，現在中國市場上的櫻桃幾乎都是這個物種。至於原產的中國櫻桃，因為果肉太軟，太難運輸，再加上產量低，所以在市場上找起來還挺費勁的。

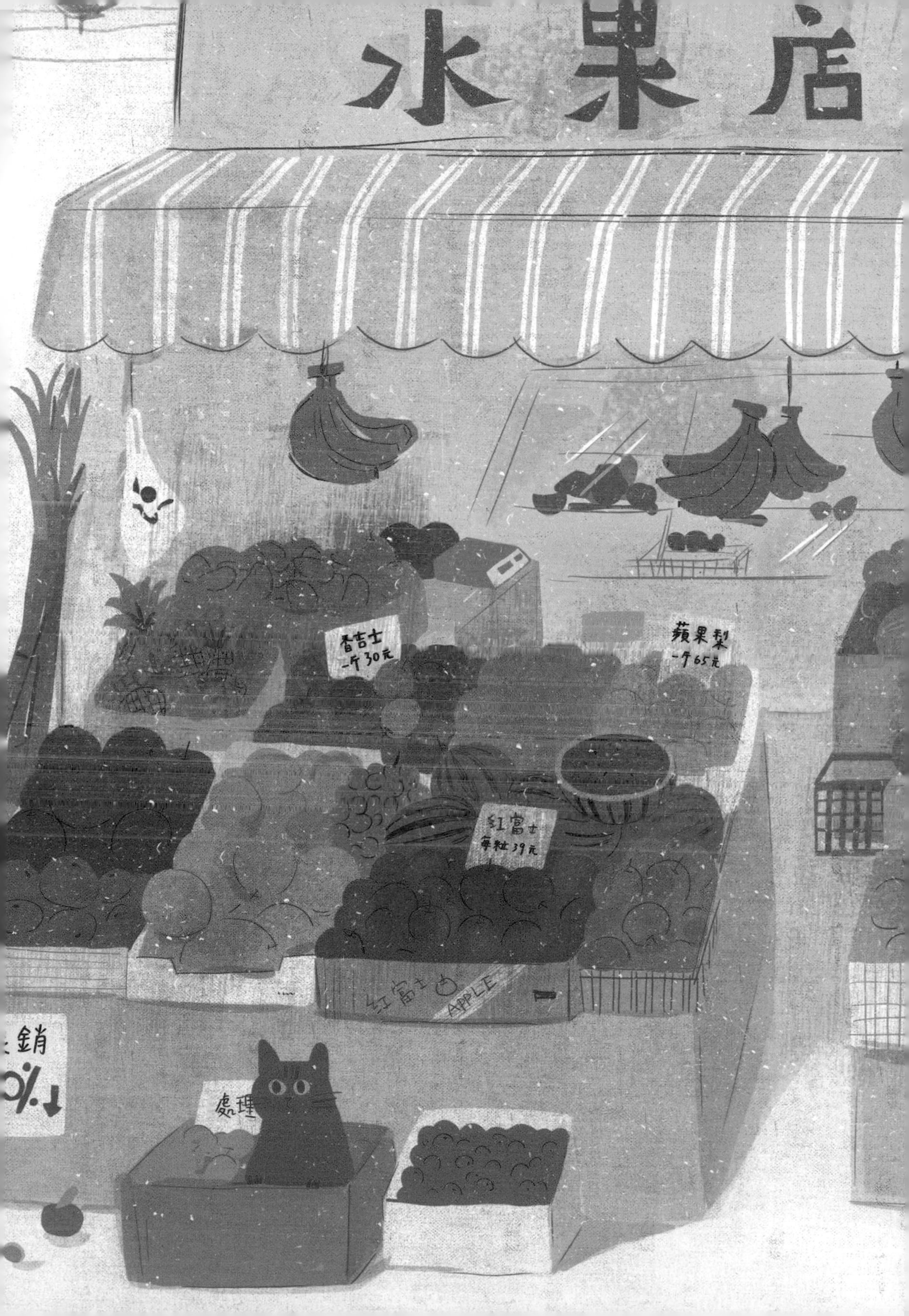
水果店
香吉士
一斤30元
蘋果梨
一斤65元
紅富士
每粒39元
紅富士
APPLE
處理

芭樂 VS 番石榴

芭樂和番石榴本來就是同一個東西。

美洲的番石榴由西班牙人帶回歐洲，然後又由歐洲人帶到了東南亞。臺灣從 17 世紀開始栽培番石榴。「芭樂」是臺灣對番石榴的稱呼，並逐漸發展出了水晶芭樂、無子芭樂、紅心芭樂等多種番石榴。

你可能已經發現了，在中國的水果和蔬菜名字中，有很多冠以「番」和「胡」字，比如番石榴、番茄、胡蘿蔔，這些植物都不是中國原產的。通常來說，名字裡面有「胡」字的，基本都是經絲綢之路從西邊來的；而名字裡帶「番」字的，通常是從南方坐船進入中國的。小小的名字裡，還藏著植物的身世哦。

鳳梨 VS 菠蘿

　　菠蘿和鳳梨根本就是一種植物，只是名字不同而已。因為品種的問題，它們口感有差異，再加上某些商家有意引導，才讓我們感覺到鳳梨是種新水果了。

　　其實，在臺灣，菠蘿的名字就一直是鳳梨。打從這種水果從南美洲遠渡重洋而來的時候，就叫這個名字──因為菠蘿頭頂長著一叢鳳凰尾巴一樣的葉子，因而得名鳳梨。「菠蘿」這個名字倒是後來才出現的，至於為什麼叫這個名字尚無從考證，有一種說法是因為它形似中國西南出產的菠蘿蜜。

　　知道了這些水果名字的祕密，下次再去水果店就不會上當了喲。

紅肉火龍果裡面有色素？
哎喲，還真說對了

　　大家都吃過火龍果吧？以前市場上的火龍果都是紅皮白肉的，不知道從什麼時候起，就出現了紅皮紅肉的品種。這個神奇的傢伙吃到嘴巴裡，那顏色、那效果簡直震撼——嘴唇、舌頭都變色了，就像突然變成了吸血鬼。

　　然而，紅肉火龍果的強勁效果並沒有結束。第二天上廁所的時候，你會再次被震撼——不僅便便是紅色的，甚至有些小朋友的尿液都變成了紅色！

　　難道紅肉火龍果真像有些人說的被注射了色素，這些壞東西能讓人尿血？

不要冤枉火龍果

　　紅肉火龍果裡的紅色，來自一種特別的色素——甜菜紅素。

　　這種色素比較穩定，不會被人類的消化系統破壞。於是，吃進去的色素又原樣出來了，還染紅了馬桶。更有意思的是，這種色素還會進入我們的尿液，於是就有了「尿血」的情況，小朋友可千萬不要慌張。

　　人類為什麼要培育有著「嚇人效果」的紅肉火龍果呢？確實是因為紅肉火龍果吃起來更甜——它們的含糖量比白肉火龍果高得多。

　　至於有人猜測紅肉火龍果是人工注射了什麼色素進去，那可是無稽之談。紅肉火龍果本身就有很強的色素製造能力，果農根本沒有必要往裡面注入染料。反過來想想，如果要注射，火龍果被扎得渾身都是針孔，難道不會被細菌侵襲腐爛變質嗎？這樣的傻事，肯定不會有人幹的。

傲嬌的紅肉火龍果

　　人類為了追求更甜美的口感，培育出了紅肉火龍果。可這傢伙，要花費相當多的心血去照料和種植，才能結出好吃的果實來呢！

　　白肉火龍果，可以自己給自己授粉；但是紅肉火龍果必須把花粉傳到另一棵植株上，才能結出果實，所以要人工一朵一朵的授粉！不僅如此，這個活只能在夜晚幹——因為火龍果的花朵在傍晚開放，到太陽升起的時候就要凋萎了。所以，想想那些在夜晚辛勤工作的果農們，賣貴點也就容易理解了。

紅色素的大家族

除了紅肉火龍果，還有不少植物含有甜菜紅素。比如可以做成紅菜湯的甜菜，以及枸杞——枸杞泡進水裡，水就變成橙紅色了，這也是甜菜紅素的作用。

除了甜菜紅素，果實中的紅色顏料還有花青素和番茄紅素。其中，花青素的個性與甜菜紅素頗為相似，都很容易跑到水中去游泳。不過，花青素「性格多變」，一旦碰到鹼，一下子就變藍了！

順便再偷偷告訴大家，甜菜紅素也會變身，當甜菜紅素碰到鹼的時候，就會變成尿黃色呢。

TIPS
蔬果變色小實驗

....

找來紫甘藍、小番茄、草莓和紅肉火龍果，搗碎之後加入一點純淨水，等浸泡到水變色之後，倒出上層不帶沉澱的彩色水。試著向彩色水裡面加入食用鹼，看看顏色會有什麼樣的變化。如果會變藍，就說明這類蔬果含有花青素。

....

染紅手指的橘子還能吃嗎？

你遇到過這樣的情況嗎？秋天橘子上市了，剝橘子皮的時候，手指頭居然都變紅了，而且連擦手的紙巾都變紅了！
這橘子是不是染色了？還能吃嗎？

橘子染色這件事，會不會是橘子自身的色素引起的？

其實，柑橘家族的色彩還是挺單純的。除了有一些叫「血橙」的種類含有一點點花青素，其餘的大部分柑橘基本就只含有胡蘿蔔素了。特別是在柑橘皮上，除了葉綠素，就是胡蘿蔔素。

顧名思義，胡蘿蔔素當然是胡蘿蔔色的了。這種色素特別堅持自己的生活原則。比如，它不喜歡跟水打交道，很難溶解在水裡面（所以泡過胡蘿蔔絲的水，仍然是透明的）。還有，胡蘿蔔素的顏色比較穩定，即便是被人吃下去，進入血液，都還是橙黃色的。這麼看來，染色事件的主謀不是胡蘿蔔素，也不是柑橘本身。

橘子皮上的紅色從何而來

莧菜紅、食用紅色 40 號是比較常見的紅色食品著色劑。這些色素的名字聽起來挺天然，顏色也是異常美麗，但是暗藏風險。如果超量使用，就有可能給人體帶來麻煩——食用紅色 40 號有可能影響兒童的智力發育，也可能會導致兒童多動症等行為障礙。

我們很難判斷，這些染色的橘子身上究竟被包上了什麼樣的色素。但是有一點可以肯定，這些可以被擦掉的色素一定是後來添加的，而不是這些橘子自身的。

染了色的橘子能不能吃？

這個得從橘子和染料兩方面分開說。

先說這些染料吧。還好，我們吃的時候，不會去舔橘子皮，所以相對來說還比較安全。但是，剝皮之後拿著橘子吃，手指上的色素就會被順帶著吃下去，所以剝完橘子皮一定要注意把手洗乾淨。

還有些朋友有用橘子皮泡茶的習慣。這個時候就要注意了：即便碰到的不是染色橘子，很多柑橘皮表面還是會噴一些保鮮或抗真菌的藥劑。用這樣的橘皮泡茶，喝下去的就不是健康，而是風險了。

　　橘子上色當然是為了漂亮。如果是優質的柑橘，本身就已經夠漂亮了，只有那些灰頭土臉、質量差的柑橘才需要美容。潛藏的風險就是：很多橘子在美容之前可能已經發生了黴變。吃這樣的柑橘，風險不言而喻。

　　吃到有明顯異味或酸腐味的柑橘，就果斷放棄吧，不管它們的樣子有多美麗。

TIPS
是不是所有會掉色的水果都有問題？
....

當然不是了！
草莓就是會掉色的。這種水果中富含大量的花青素，再加上草莓比較嬌嫩，一碰就破，所以經常會出現掉色的現象。
紅肉火龍果也是會掉色的。它裡面所含的不是花青素，而是甜菜色素。甜菜色素也是鮮紅色的，並且很容易溶解到水中，所以吃紅肉火龍果的時候，經常會吃得嘴巴、舌頭都紅紅的。
這些顏色的水果，放心吃就好。最後，祝大家吃橘子快樂！
....

20

維生素 C 和柑橘家的糾結事兒

　　當深秋的寒風掃過大地的時候，柑橘家族又開始霸占水果攤了。圓的柚子、扁的橘子、紅的葡萄柚、黃的檸檬……光是看看這些水果的樣子，就要開始流口水啦！但是，漂亮的色澤和酸甜的口感已經不是柑橘類水果的賣點，富含維生素 C 才是它們的新特色。

　　現在有好多人說，檸檬中含有的維生素 C 要比柑橘還高，每天泡檸檬水喝就能保持健康，檸檬和維生素 C 幾乎成為捆綁在一起的雙胞胎符號。柑橘類水果為什麼會成為維生素 C 的代言人？柑橘家族真的是維生素 C 王者嗎？

理一理柑橘的混亂家譜

看看水果攤，大橘子、砂糖橘、檸檬、橘子、不知火橘、椪柑、葡萄柚、紅心柚、沙田柚……隨便一數，兩隻手的手指頭都快不夠用了。可是，柑橘大家族的元老只有三個——它們就是柚子、橘子（學名寬皮柑）和香櫞。這三位芸香科柑橘屬的成員，通過不斷的交流，變幻出了豐富的柑橘家族。

柚子皮厚個大，是中國傳統的水果，不僅汁水豐富，保存期也相當長，就像是一個個完美的水果罐頭。只是柚子略帶苦味（這都是一種叫「檸檬苦素」的東西在搗鬼），很多小朋友並不喜歡這種味道。

相對來說，橘子是更加大眾化的品種。寬皮柑，皮如其名，寬寬鬆鬆的果皮很容易被剝掉，一般比柚子更甜，苦味也更少。

香櫞很少單獨出現在水果攤上。相對柚子和橘子來說，香櫞不僅個頭小，果肉也少得可憐，所以很少有人專門去吃。香櫞通常只是當作果籃的配飾，或者作為擺設放在房間裡，提供一些清新的香味。

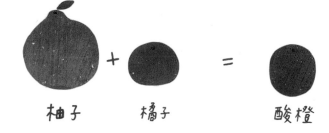

柚子　　＋　　橘子　　＝　　酸橙

雜交繁衍出大家族

　　柑橘家的三位元老個性鮮明，但是它們並沒有堅守自己的家門，而是想辦法和其他種類加強交流，於是繁育出了更多的種類。

　　我們最常見的家族成員柳丁，應該分為酸橙和甜橙。酸橙是柚子和橘子的直接後代，柚子是媽媽，橘子是爸爸。對甜橙來說，身世就複雜了：柚子依然是媽媽，但是它們的爸爸被稱為「早期雜柑」，其實是柚子和橘子的雜交產物。

　　在之前的研究中，大家都認為柳丁和香櫞結合產生了檸檬。其實準確來說，市場上常見的甜橙壓根就沒和香櫞發生過關係，檸檬真正的爸爸媽媽是酸橙和香櫞。而且酸橙和香櫞還給檸檬帶來了一大

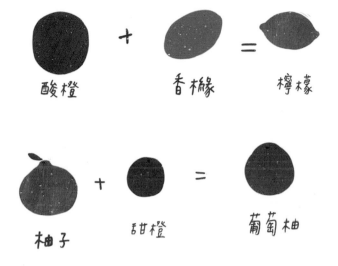

酸橙 ＋ 香橼 ＝ 檸檬

柚子 ＋ 甜橙 ＝ 葡萄柚

堆兄弟姐妹，包括黎檬和粗檸檬，只是這兩個類似檸檬的物種不大出鏡而已。

　　看著酸橙的大家庭，甜橙當然也不甘寂寞，它找到了柚子──它們的愛情結晶就是葡萄柚（西柚）。因為葡萄柚有更多來自柚子媽媽的遺傳基因，所以葡萄柚的個頭也比甜橙爸爸要大很多。

　　至此，柑橘家族的主要種類都出現了，酸甜苦香各種味覺混合在一起，讓柑橘家族成為世界通行的水果。看看超市裡占據主流的檸檬和柳丁飲料，就能感受到這個家族的龐大勢力。

柑橘家族不是維生素 C 王者

大家一說補充維生素 C，腦子裡就盤旋著各種柳丁，彷彿這些水果就是蘊藏著維生素 C 的大寶庫。可是看一下柳丁的維生素含量，你就會大失所望——每 100 克柳丁的維生素 C 含量只有區區 40 毫克，連大白菜和青花菜（43 毫克 /100 克和 56 毫克 /100 克）都比不過，更不用說跟辣椒（144 毫克 /100 克）相比了。

檸檬中的維生素 C 要比柳丁稍多一些，但是也遠遠沒有達到辣椒的等級。「檸檬＝維生素 C」的說法可能是因為 18 世紀英國海軍為海員治療壞血病的時候，首先嘗試了檸檬汁（同時還有蘋果醋、稀硫酸和海水），後來證明檸檬汁有效。就這樣檸檬汁幾乎就成了維生素 C 的代表。

話說回來，當年，很多在西印度群島服役的英國海軍官兵吃的並不是檸檬，而是「萊姆」。雖然感覺很像，但是萊姆的祖輩可是香櫞、柚子、橘子和箭葉橙，跟檸檬只能算遠房親戚罷了。現在，萊姆以「青檸」的身分重新登場，大有跟檸檬分庭抗禮之勢。

TIPS

18 世紀英國海軍嘗試用稀硫酸為海員治療壞血病？你沒看錯，這是真的，人類的試驗就是這樣一步一步走過來的……

植物：維生素 C，我需要你

我們為什麼把維生素 C 看得這麼重？因為它對我們人體的活動非常重要。

膠原蛋白是我們身體的重要組成物質，像血管、皮膚都是由這些蛋白質組成的。不過組成這些蛋白質的氨基酸，不會像植物纖維那樣自己抱團，它們更像是一塊塊水泥板，需要靠鉚釘連接起來，維生素 C 就是這樣的鉚釘。之所以會患壞血病，就是因為維生素 C「鉚釘」太少了，引發膠原蛋白崩塌，並破壞了血管的結構。除此之外，維生素 C 還承擔著一些抗氧化的功能，也就是說，會讓人體的衰老速度慢下來。

遺憾的是，同大多數動物不同，我們人類沒有合成維生素 C 的能力（同樣悲劇的還有高級靈長類、天竺鼠、白喉紅臀鵯與食果性蝙蝠），所以必須依賴食物中的維生素 C，特別是植物中的維生素 C。

為什麼植物會富含維生素 C 呢？

傳統的觀點認為，維生素C可以幫助植物對抗乾旱、強烈的紫外線等嚴酷的環境，基本上被認為是植物體內的「救火隊員」。不過2007年英國艾克塞特大學的一項研究表明，維生素C對植物的發育具有更重要的作用，這種物質會消滅光合作用的有害產物——那些維生素C合成出問題的植物，竟然不能正常發育了！

　　現在，維生素C在植物中的作用還在逐步被科學家們解密。

吃肉也能補充維生素 C

我們一說補充維生素 C，通常想到的就是水果和蔬菜，實際上，吃肉一樣能補充維生素 C。只是，我們在烹飪肉類的時候往往會持續高溫加熱，其中的維生素 C 幾乎都被破壞了。

如果能受得了生肉的口感滋味，又沒有寄生蟲威脅的話，我們完全可以從肉類中獲得足夠的維生素 C ——每 100 克生牛肝和生牡蠣中的維生素 C 含量，可達 30 毫克以上。其實，家住北極圈以內的因紐特人就是這麼幹的。

科學童萌 科普橋梁書系列

生物飯店：
奇奇怪怪的食客與意想不到的食譜

史軍／主編

臨淵／著

你聽過「生物飯店」嗎？
聽說老闆娘可是管理著地球上所有生物的吃飯問題，
任何稀奇古怪的料理都難不倒她！

動物的特異功能

史軍／主編

臨淵、楊嬰、陳婷／著

在動物界中，隱藏著許多身懷絕技的「超級達人」！
你知道牠們最得意的本領是什麼嗎？

當成語遇到科學

史軍／主編

臨淵、楊嬰／著

囊螢映雪，古人可以用來照明的螢火蟲，是腐
爛後的草變成的嗎？
快來跟科學家們一起從成語中發現好玩的科學
知識！

花花草草和大樹，我有問題想問你

史軍／主編

史軍／著

最早的花朵是怎麼出現的？種樹能與保護自然環境畫上等
號嗎？多采多姿的植物世界，藏著許多不可思議的祕密！